Zeitagentur

Dieter Hallmann

Copyright © 2012 Dieter Hallmann

All rights reserved.

ISBN: 1492877506
ISBN-13: 978-1492877509

„Vielleicht versuchen Sie es mal mit der Französischen Revolution, die haben wir im Angebot."

Tom grinste. Der Mann, der vor ihm stand, hatte sich für sein Alter gut gehalten. Er schaute kurz auf seine teure Uhr, die er auffällig locker trug.

„Ich weiß nicht. Ist das alles gleich teuer?"

„Die Sachen mit einem roten Stern sind im Angebot. 100.000 Euro für eine halbe, 120.000 für eine ganze Stunde. Billiger war eine Zeitreise noch nie, das können Sie mir glauben."

Tom mochte das Verkaufen nicht besonders. Dennoch hatte er eine Menge Talent, nutzlose und teure Dinge unter die Leute zu bringen. Ein Talent, auf das er nicht stolz, sondern das ihm eher ein wenig peinlich war. Meistens jedenfalls. In diesem Augenblick war es ihm egal.

„Mein Gott, das kann ich jetzt gar nicht so schnell entscheiden", der Mann zwinkerte nervös mit den Augen.

Ein typischer Kunde. Einer von den älteren Herren, die mit ihrem vielen Geld nichts anzufangen wussten.

„Ich kann Ihnen nur sagen, Plätze sind nicht unbegrenzt verfügbar. Wenn diese Zeitreise im Angebot ist, wird sie auch schnell ausgebucht sein. Der Computer zeigt mir drei freie Plätze an. Ich denke, länger als eine halbe Stunde werden die Positionen nicht mehr offen sein."

Tom hasste diese unentschlossenen Geldsäcke. Irgendein Kumpel oder entfernter Verwandter hatte vermutlich einen von diesen billigen Allerweltstrips empfohlen, die jeden Tag zu Dutzenden über den Ladentisch gingen: Waterloo, Pearl Harbour, der 11. September, das Kennedy- Attentat.

„OK, Sie haben mich überzeugt. Eine halbe Stunde Französische Revolution für 100.000 Euro ....."

Tom unterbrach ihn:

„Mein Herr, Sie werden es nicht bereuen. Zeitreisen sind das letzte Abenteuer unserer Zeit. Wenn Sie jetzt gleich zahlen, könnten wir noch über einen kleinen Rabatt sprechen. Ich sage mal zwei Prozent Skonto, wenn Sie gleich mit ihrem Mobiltelefon überweisen."

Der Kunde überlegte nicht lange. Er war offenbar in Gelddingen geübt und wusste Toms Angebot zu schätzen.

„Alles klar, kein Problem. Ich weise die Summe gleich an."

Der Mann zückte sein etwas ältliches Telefon und schaute angestrengt auf einen Zettel, den Tom ihm entgegenstreckte.

„Zwei Punkte, das macht 98.000. Wollen Sie selbst überweisen? Ich kann Ihr Telefon auch kurz an meinen Computer anschließen. Das geht schneller und ist viel bequemer. Aber Sie wissen ja, viele Leute schreiben die Überweisung lieber selbst."

„Nein, schließen Sie das Ding mal an Ihren Apparat an!"

Tom nickte dem dynamisch wirkenden Mann zu, der vielleicht 70 Jahre alt war. Einer von den privilegierten Herrschaften, denen es trotz gigantischer Altersarmut an nichts fehlte. Vermutlich hatte er eine Menge Geld geerbt oder konnte sich an einer der großzügigen Staatspensionen erfreuen, die nur hohen Beamten zustanden.

Tom nahm das Mobiltelefon des Mannes und steckte es in den dafür vorgesehenen Schacht seines Kassencomputers. Die Anschlüsse waren schon etwas älter und klemmten.

„Machen Sie sich keine Sorgen, das klappt schon."

Tom bemühte sich. Mit viel Routine bewegte er die Elektroanschlüsse eine ganze Weile hin und her. Endlich polterte die Maschine los.

„So, jetzt haben wir´s", Tom nickte zufrieden. „Das Geld ist auf unserer Seite. Hier kommt ihr Ticket."

Er zog ein rötliches Papier aus dem Drucker, das der Kunde unverzüglich nahm und in seiner Jackentasche verschwinden ließ.

„Wissen Sie, ich habe noch nie einen so großen Betrag per Telefon bezahlt. Und dann gleich 98.000 Euro, da wird einem schon etwas mulmig. Was muss ich jetzt machen? Wie komme ich ins Frankreich des ausgehenden 18. Jahrhunderts?"

Tom klang leicht genervt: „Mein Herr, machen Sie sich keine Sorgen, Ihre Daten hat uns ihr Mobilcomputer verraten. Die zentrale Behörde für Zeitreisen wird Sie innerhalb der nächsten Tage anschreiben und Ihnen den genauen Zeitpunkt und genauen Modalitäten mitteilen."

Der Kunde machte einen zufriedenen Eindruck. Nach langem Überlegen hatte er sich endlich überwinden können, viel Geld für eine dieser ominösen Trips auf den Tisch zu legen. Sein alter Kumpel Bernd, der sich ein oder zwei Mal pro Jahr auf den Weg in die Vergangenheit machte, hatte ihm von diesen Reisen erzählt und gleichzeitig von den Sonderangeboten abgeraten.

„Leg´ ein paar Scheine mehr auf den Tisch, dann bekommst Du ´was Richtiges und nicht so ein Ramscherlebnis, bei dem Du nichts siehst und mit nichts als nassen Füßen zurückkommst. Wenn Du siehst, wie Jesus am Kreuz stirb, lässt Dich das nie wieder los."

Bernd war süchtig nach Zeitreisen. Obwohl er sich im Laufe seines abenteuerlichen Lebens ein stattliches Vermögen erarbeitet hatte, schlug er sich seit einigen Jahren mit Geldproblemen rum. Zeitreisen waren nur etwas für Superreiche. Und auch deren Geld reichte oft nur für die einfachen Fahrten.

„Kann ich noch etwas für Sie tun, mein Herr?"

Tom wusste, dass er ein gutes Geschäft gemacht hatte und heute mit einer satten Provision nach Hause gehen würde.

„Eh, nein, bei mir ist alles klar. Ich höre dann ja von Ihnen."

Ein komischer Kauz, schoss es Tom durch den Kopf. Langsam machte sich der Tag bemerkbar. Die vielen alten Leute, die ihn mit Fragen löcherten.

„Ich will meine verstorbene Schwester wieder treffen. Was kostet das?"

„Nein, meine Dame. So etwas bieten wir nicht an. Sie können nur die Zeitreisen buchen, die im Katalog stehen. Schauen Sie doch 'mal rein! Unser Angebot ist wirklich sehr groß. Da ist für jeden Geschmack etwas dabei!"

„Wie gefährlich ist so eine Zeitreise? Wenn ich eine Schlacht im Zweiten Weltkrieg besuche, kann ich dabei getötet werden?"

„Unsere Reisen sind extrem sicher, meine Dame. Trotzdem können wir ein letztes Restrisiko nicht ausschließen. Es handelt sich um einen realen Krieg, in dem Menschen getötet werden!"

Das viele Reden war eigentlich nicht seine Sache. Auch wenn er es eigentlich ganz gut konnte und nicht weniger erfolgreich war als Effi, seine Freundin und Kollegin in der Zeitagentur. Länger als zwei oder drei Jahre wollte er diesen Job auf keinen Fall machen. So ein Verkäuferjob in einer Zeitagentur war nicht gerade schlecht bezahlt. Man brauchte eine sehr gute Schulbildung, um überhaupt genommen zu werden, und Stellen dieser Art waren in der Regel nicht nur sehr begehrt, sondern auch extrem sicher. Tom war jetzt seit gut einem Jahr dabei und galt bei der Aufsichtsbehörde als erfolgreicher Verkäufer.

Effi konzentrierte sich auf ihre handschriftlichen Notizen, die sie mit einer irrsinnigen Geschwindigkeit in einen der Rechner tackerte. Die beiden hat seit ein paar Wochen ein kleines Verhältnis, von dem niemand etwas wissen durfte. Freundschaften, Beziehungen und Sex waren den Mitarbeitern der Zeitagentur strengstens untersagt. Das galt erst recht für Agenturen, in denen nur zwei Leute arbeiteten. Effi und Tom mussten seit einiger Zeit ohne ihre Kollegin Silke auskommen, die an einer schweren Nahrungsmittelallergie erkrankt war. Seitdem waren sich die beiden näher gekommen. Da sie beide in den Verkaufsstatistiken der Agentur als „sehr gut" bewertet wurde, verzichtete man darauf, ihnen einen neuen

Kollegen zuzuteilen. Die Richtlinien der Agentur, die alle zu Beginn ihrer Tätigkeit unterschreiben mussten, waren eindeutig: ´Freundschaften dürfen nicht vom Servicecharakter der Agentur ablenken´. Eine von vielen Regeln, die den Alltag in der Agentur bestimmten.

Alle Agenturen wurden mit Kameras überwacht, die in einem Zentralbüro per Zufallsverfahren ausgewertet wurden.

Tom hatte sich mit der Zeit an die Kameras gewöhnt und gelernt, sie zu überlisten. Er und Effi kommunizierten in einer vollkommen eigenen Sprache. Sie gaben sich versteckte Zeichen, blinzelten sich das Morsealphabet zu oder verzogen die Nase in einem bestimmten Rhythmus. Für die Mikrophone, mit denen jede Ecke der Agentur abgehört wurde, war kein Flüstern zu leise. Jeder Dialog, jedes Selbstgespräch wurde aufgezeichnet.

Effi, die bereits seit fünf Jahren in der Agentur arbeitete, war bis ins kleinste Detail mit den Vorschriften vertraut. Viele Kollegen hatten aufgrund von Richtlinienverstößen ihren Arbeitsplatz verloren. Sie war schlau genug zu erkennen, dass selbst kleinste Verstöße von der Zentralbehörde genutzt wurden, um unliebsame Mitarbeiter loszuwerden. Die Menschen, die sich mit den strengen Regeln der Agentur arrangierten, konnten ihren

Arbeitsplatz sehr lange behalten. Die Arbeit war nicht besonders schwer und wurde sehr gut bezahlt. Man musste es nur schaffen, mit den strengen Vorschriften klar zu kommen.

Effi schob sich einen kleinen Schokoriegel in den Mund. Die Dinger waren sehr süß und schmeckten widerlich fruchtig. Trotzdem gehörten sie zu den wenigen vitaminreichen Lebensmitteln, die in den Boomtowns überlebenswichtig waren, wenn man nicht ständig mit einer Akutallergie im Krankenhaus liegen wollte. Theoretisch konnte man sich von fünf Riegeln am Tag ernähren und ohne größere Mangelerscheinungen durchkommen. Effi hatte ihren Riegel nach wenigen Sekunden verspeist, ohne einen Mundwinken zu verziehen.

Zu ihren bevorzugten Hobbys gehörte das Nachkochen historischer Rezepte aus dem 20. Jahrhundert. Eine sehr aufwendige und kostspielige Freizeitbeschäftigung, die sich nur Menschen mit einem wirklich gut bezahlten Job leisten konnten. Echte biologische Produkte ohne manipulierte Gene waren weltweit sehr selten, extrem knapp und teuer. Einmal im Monat gab es in einem der besseren Stadtviertel einen kleinen Markt, auf dem echte biologische Produkte angeboten wurden. Jeder Besucher musste sich bei der zuständigen Behörde registrieren lassen. Menschen ohne Einkommen oder Vermögen bekamen prinzipiell keine Passkarte. Ein Luxus also, den sich nur noch die oberste Schicht der Gesellschaft leisten konnte.

Menschen wie Effi, die einen gut dotierten Job in einer Zeitagentur hatte, konnten ein, maximal zwei Mal pro Monat über einen Marktbesuch nachdenken. Tom war in diesen Dingen pragmatischer. Obwohl er in finanziell sehr guten Verhältnissen groß geworden war, hatte er keinen Bezug zum Essen.

Effi stöhnte: „Seit ein paar Wochen bekomme ich manchmal Sodbrennen von diesen Riegeln. Sie sind einfach zu süß."

„Du musst auch mehr trinken. Die Dinger sind Gift ohne Flüssigkeit."

Tom reichte ihr eine Flasche mit einer künstlichen Flüssigkeit, die man sich besser nicht genauer anschaute. Effi trank einen kleinen Schluck.

Es war ein Wunder, dass sie und Tom sich näher gekommen waren. Effi war ein sehr ängstlicher Mensch. Sie hatte permanent Angst, ihren Job zu verlieren. In der Agentur war sie ein vollkommen anderer Mensch als draußen. Die Kameras hatten aus ihr eine Marionette gemacht.

Ihre Beziehung hatte sich sehr schüchtern und langsam entwickelt. Sie verbrachten viele Stunden in billigen Fast

Food- Bars. Tom zeigte Effi seine Welt, die aus alter Musik und Underground- Clubs bestand. Nach und nach kamen sie sich näher. Tom hatte sich in Effi verguckt, obwohl sie eigentlich gar nicht sein Typ war.

Bis vor einem Jahr war ihm ein in materieller Hinsicht sorgenfreies Leben vergönnt gewesen. Das Erbe seines vor neun Jahren gestorbenen Vaters ermöglichte ihm ein Leben ohne Stress und festen Job. Das Ende des lockeren Lebens kam dann umso erbarmungsloser. Tom hatte sich nicht an die Abmachungen des Testaments gehalten und keine „konkrete berufliche Karriere", so stand es geschrieben, in Angriff genommen. Erst dann sollte ihm der unbegrenzte Zugriff auf das Erbe seines Vaters möglich sein. Acht Jahre hatte er Zeit gehabt. Dann sollte der zuständige Notar die Ernsthaftigkeit seiner Lebensplanung prüfen.

Toms Faulheit war sprichwörtlich und nicht verhandelbar. Auch an seinem 24. Geburtstag, acht Jahre nach Eröffnung des Testaments, hatte Tom keine konkrete universitäre oder berufliche Karriere eingeschlagen. Die Folgen dieser lockeren Lebensweise waren radikal und einschneidend. Die Zugänge zu allen Konten wurden gesperrt, Kreditkarten waren plötzlich ungültig, Schecks wurden nicht mehr eingelöst. Tom musste sich einen Job suchen, das war sicher. Es war nicht wirklich schwer, eine angemessene Arbeit zu finden, da er zu den zehn Prozent der Bevölkerung gehörte, die eine Eliteschule besucht hatten. Es war Absolventen von Eliteschulen prinzipiell verboten, nicht zu arbeiten. Die Behörden achteten sehr darauf, dass die enormen Kosten der Ausbildung auch einen volkswirtschaftlichen Nutzen hatten. Die vielen Jahre, die Tom ohne Arbeit oder sonstige wirtschaftliche Tätigkeit in der Weltgeschichte herumgelaufen war, waren ihm nur durch einige Tricks vergönnt gewesen. Kinder reicher Eltern, in der Regel auch Absolventen der Eliteschulen, konnten sich per Notar eine unternehmerische Tätigkeit bescheinigen lassen und so weiteren Unannehmlichkeiten aus dem Weg gehen. Man brauchte einen sogenannten blauen Schein. Ein Papier, das alle vier bis fünf Jahre erneuert werden musste.

Tom entwickelte viel Talent für die Arbeit in der Zeitagentur – von Anfang an. Der Alltag langweilte und machte ihm keinen Spaß, war aber auch nicht unangenehm. Auf den Eliteschulen lernte man, seinen Stolz auch in Krisenzeiten zu bewahren. Ein Umstand, den sich Tom noch nie bewusst gemacht hatte. An dem Tag, an dem er seinen Job in der Agentur antrat, wusste er, was damit gemeint war. Die Stelle war ihm innerhalb eines Tages von einer Job- Agentur vermittelt worden. So ein Job in einer Zeitagentur war eine Art McJob für

Wohlerzogene.

Tom goss sich eine Tasse koffeinfreien Kaffee ein, lauwarm. Koffeinhaltige Getränke waren seit vielen Jahren offiziell verboten und lediglich in Underground-Clubs wie dem Hammerhead zu bekommen. Die Regierung hatte Kaffee und Cola auf die Drogenliste gesetzt, als auch junge Menschen zunehmend Probleme mit Herz und Kreislauf bekamen. Tom trank regelmäßig „echten" Kaffee, den er sich über zwielichtige Bekanntschaften beschaffte. In der Villa seines Vaters, zu der er seit einem Jahr keinen Zutritt mehr hatte, gab es ein Kaffe- Geheimlager. In einem Kellerraum, der immer verschlossen war, lagerten hunderte von Sorten. Immer wieder hatte sich sein Vater in diesen Kellerraum zurückgezogen, um in aller Ruhe eine Tasse Kaffee aus Südamerika oder Afrika zu trinken.

Effi packte Toms Tasse mit der linken Hand und nahm einen kleinen Schluck. Kaffeetasse des anderen mit der linken Hand berühren bedeutete: Ich komme heute Abend bei dir vorbei.

Sie waren stolz auf ihre Geheimsprache. Wenn sich Effi am linken Ohrläppchen zupfte: Schon wieder ein Kunde, der viel Zeit in Anspruch nimmt, aber letztlich nichts kaufen wird. Wenn Tom zweimal kurz und nervös mit beiden Augen blinzelte: Das geht hier so nicht weiter.

Tom klatschte einmal laut in die Hände: Alles klar, Du kannst heute Abend kommen.

Das Hammerhead gehörte zu den Läden, in denen die gute alte Zeit regierte. Hier gab es laute Musik, koffeinhaltigen Kaffee, Cola, Alkohol und echte Zigaretten ohne Filter und mit viel Nikotin. Tom ging seit vielen Jahren in diesen Laden direkt am Alten Hafen. Eine Gegend, in der man schon tagsüber als normal Sterblicher wenig verloren hatte. Hier lebte der Abschaum und die Subkultur einer verwesten Großstadt, die ihre große Zeit seit hundert Jahren hinter sich hatte. Tom, dessen kleine Zweizimmerwohnung etwa zehn Kilometer vom Hammerhead entfernt war, hatte keine Angst vor Überfällen. Noch nie war er in eine gefährliche oder bedenkliche Situation gekommen. Das Hammerhead lag im Zentrum einer Reihe von düsteren Clubs, illegalen Spielhöllen und verräucherten Kneipen. Streng verbotene Dinge wurden hier von den Behörden geduldet. Drogen wie Koffein oder Nikotin gab es ganz offiziell. Unter der Ladentheke wurden Wetten aller Art angeboten. Für echte Spieljunkies, die sich in den verwinkelten Gassen und ständig wechselnden Läden gut auskannten, gab es so genannte Extreme Fights mit hohen Wetteinsätzen. Zwei Menschen kämpften dabei ohne Regeln gegeneinander. Regelmäßig gab es Tote. Angehörige der untersten Unterschicht, die niemand vermisste und die keinen Totenschein brauchten. Die Mafia, die diese

Gegend kontrollierte, entsorgte die Leichen schnell und unbürokratisch.

Tom hatte sich schon als Jugendlicher in dieser Gegend rumgetrieben. Ihm gefielen die Straßenprostituierten, die sich in den Hauseingängen herumdrückten und ihn manchmal ansprachen. Die Drogendealer waren ständig auf der Suche nach neuen Kunden. Sie besorgten nicht nur Kokain und Aufputschmittel, sondern auch Zigaretten „mit Nikotin" und koffeinhaltigen Kaffee, den auch Tom sich auf der Straße kaufen musste, seit er zum Lager seines Vaters keinen Zugang mehr hatte.

Das Hammerhead gehörte zu den wenigen Läden in dieser Gegend, die seit Jahren ihren festen Platz hatten. Normalerweise machten die Clubs spätestens nach einem halben Jahr dicht. Die Mafia betrieb die Läden entweder selbst oder vergab für viel Geld Lizenzen für einige Monate. Das Hammerhead war eine Art Zentrum der Undergroundkultur, die unter besonderem Schutz stand. Ein Museum der Subkultur, auf das selbst die härtesten Zweige der Mafia nicht verzichten wollten. Ein Konsens, auf den sich alle finsteren Gestalten der Nacht einigen konnten.

An diesem Abend war das Hammerhead knallvoll und so stickig, dass man es als Normalsterblicher kaum aushielt. Tom saß mit zwei Gestalten an einem der hinteren Tische. Verticko steckte sich schon wieder eine neue Zigarette an. Er benutzte Streichhölzer, die nur noch für Liebhaber in sehr geringen Stückzahlen hergestellt wurden und entsprechend teuer und schwer zu bekommen waren.

Verticko sah aus wie eine Mischung aus Hardrocker und Schwerverbrecher. Eine sehr enge alte Jeans, deren Stoff dünn und an vielen Stellen aufgerissen war. Eine dunkelbraune gelockte Mähne, die wie aus einem anderen Jahrhundert wirkte. Dazu kam ein sehr weibliches Gesicht mit hoch stehenden Wangenknochen.

Aleks, der zweite von Toms Tischnachbarn, sah für Hammerhead- Verhältnisse sehr normal aus. Schwarze Jeans und rotes Hemd. Selbst tagsüber hätte es in den besseren Vierteln der Stadt an seinem Outfit nichts auszusetzen gegeben.

Alle drei machten zusammen Musik. Ein zum Scheitern verurteiltes Projekt, das sich im Abstand von ein oder zwei Wochen in einem Kellerloch ganz in der Nähe des Hammerhead traf. Tom hatte mit viel Geduld und alten

Kontakten ein altes Schlagzeug, eine schrumpelige E-Gitarre mit Verstärker und einen krüppeligen Bass aufgetrieben. Mit viel Mühe und Geduld hatte er sich ein paar Griffe auf der Gitarre beigebracht. Die beiden anderen hatten nicht nur weniger Geduld, sie waren auch mit deutlich weniger Talent gesegnet.

Der Sound im Hammerhead war knallhart und laut. Boombast- Elektro und Paudercast, Boom- Metal und Crambersooper. Musik hatte sich zu Beginn des 22. Jahrhunderts aus dem Alltag der Menschen weitgehend verabschiedet. Populäre Musik war eine Spielerei in den verzweigten Winkeln des Web. Niemand wusste, wer hinter so ominösen Projekten wie Troubleshooting oder Trenner steckte.

Tom schnorrte Verticko um eine Zigarette an.

„Mein Gott, Du hast nie Fluppen und quarzt wie ein Schlot."

Widerwillig hielt ihm Verticko seine fast leere Schachtel hin. Tom machte eine beruhigende Handbewegung und nahm eine Zigarette heraus. Verticko gab ihm Feuer. Tom nahm einen tiefen Zug und lehnte sich entspannt zurück.

„Sagt mal Jungs, was haltet ihr davon, wenn wir auch mal

eine Zeitreise machen. Ich meine, ich arbeite ja jetzt in so einer Agentur und sitze quasi an der Quelle."

Verticko wirkte genervt.

„Auf so einen Schwachsinn habe ich überhaupt keinen Bock. Lass mich damit bloß zufrieden."

Verticko stand auf und schlurfte geradewegs zur Tanzfläche. Tom und Aleks schauten sich fragend an und zuckten zeitgleich mit den Schultern. Verticko war kein einfacher Mensch. Er hatte keine offizielle Wohnung, keine Identifikationskarte und existierte für die Behörden praktisch nicht. Der so genannte Behördenaccount war eine Art obligatorische Mailadresse, die jedem Menschen bei der Geburt zugeordnet wurde und über die man sein ganzes Leben lang von allen offiziellen Stellen erreicht werden konnte. Wer diesen Account nicht besaß, existierte nicht und war sozusagen vogelfrei. Menschen ohne Account konnten nicht für Zwangsarbeiten rekrutiert werden, sie waren für die Steuerbehörden nicht fassbar und bekamen keine Wahlunterlagen zugestellt.

Tom hatte Verticko vor drei oder vier Jahren zufällig kennengelernt. Damals versuchte sich Verticko gerade als Profi-Computerspieler. Einige Scouts großer Konzerne waren auf ihn aufmerksam geworden. Ein paar Blogger hatten richtig euphorische Spielrezensionen geschrieben. Auch Tom trieb sich damals viel auf Turnieren rum. Man konnte den Profis bei der Arbeit zusehen, sich die neuesten Spiele anschauen und mit absolut sinnlosen Dingen die Zeit totschlagen. Tom hatte sich in den Kopf gesetzt, selbst als Spielervermittler tätig zu werden und viel Geld damit zu verdienen, junge Talente unter Vertrag zu nehmen und sie dann an Unterhaltungskonzerne zu verschachern, die die jungen Profis brauchten, um ihre neuen Spiele zu vermarkten. Typisch spinnerte Ideen eines reichen Jünglings, der mit seiner Zeit nichts anzufangen wusste.

Verticko hatte ein extremes Talent für Konzentrationsspiele, das jedem Fachmann auf den ersten Blick auffiel.

Tom hatte Verticko angesprochen, weil er sein Manager werden wollte. Aus der großen Karriere wurde für beide nichts. Verticko stand sich selbst im Weg. Er war einfach nicht bereit, sein lockeres Leben, das weitgehend anonym und im Untergrund verlief, aufzugeben. Das machte eine Karriere als Profi- Computerspieler unmöglich. Ohne Behördenaccount konnte man keine Verträge unterschreiben und offiziell kein Geld verdienen. Also verzichtete Tom auf eine Karriere als Manager, und Verticko daddelte nicht mehr in der Öffentlichkeit. Nach der ersten Enttäuschung hatte sich so etwas wie eine

Freundschaft zwischen beiden entwickelt. Wenn man bei einem so distanzierten Menschen wie Verticko überhaupt davon sprechen konnte.

Sie schlenderten zusammen durch die Nacht, hingen in Clubs ab und quatschten über Gott und die Welt. Irgendwann fingen sie an, gemeinsam Musik zu machen. Verticko hatte diesen Raum an der Hand, in dem man gut proben konnte. Tom besorgte die Instrumente und Aleks stand irgendwo in der Gegend rum. Zusammen versuchten sie sich an alten Rock´n´Roll- Klassikern. Stücke, die einem Normalsterblichen nicht mehr geläufig waren.

Aleks war ein unauffälliger Mensch. Er sah immer gepflegt und wohlerzogen aus. Rein äußerlich und auf den ersten Blick ein braver Junge. Seit vielen Jahren arbeitete er im Aktienbüro eines großen Finanzinstituts. Eigentlich ein spießiger Job, der in der Welt von Tom und Verticko keinen Platz hatte. Aleks saß den ganzen Tag vor einer Batterie von Monitoren und schob Geld von einer Börse zur anderen, kaufte und verkaufte Optionen von Sachen, die er selbst nicht kannte. Er operierte mit astronomischen Summen. Eine Arbeit, zu der es keinen realen Bezug mehr gab. Aleks fand seine Arbeit extrem freakig und spannend. Schließlich konnte er mit seinen Spekulationen ganze Imperien zerstören und an anderer

Stelle wieder aufbauen. Er stand jeden Morgen sehr früh auf und musste bis spät in die Nacht arbeiten. Das Wochenende brauchte er zur Entspannung. Nur wegen ihm konnte die Band selten proben. Ein Umstand, der bei Tom und Verticko oft für schlechte Stimmung sorgte. Dennoch brauchten sie Aleks. Er war der einzige, der wirklich viel Geld verdiente und niemals knapp bei Kasse war. Außerdem war er nicht geizig, legte oft ohne nachzufragen die Miete für den Probenraum auf den Tisch und spendierte hier und da mal eine Runde. Seine Wohnung war groß und schick, so dass man sehr gut bei Aleks abhängen konnte. Oft verbrachten die drei dort ihre Wochenenden.

Aleks Hang zu Menschen wie Vertiko war auf den ersten Blick seltsam, aber dennoch nicht ungewöhnlich. Im Viertel rund um das Hammerhead trieben sich viele gut bezahlte Managertypen rum. Schließlich gab es hier all die kleinen Spielzeuge zu kaufen, die abartig waren und die sich ein Normalsterblicher nicht leisten konnte. Seien es irgendwelche extremen Pornos, die in schimmeligen Kellergewölben gehandelt wurden. Oder Prostituierte aller Art, mit denen man nur über obskure Mittelsmänner Kontakt aufnehmen konnte. Aleks brauchte nichts von all diesen Dingen, er liebte die schmuddelige Atmosphäre. Sie war das Gegenstück zur cleanen Welt der Hochfinanz und Aktienspekulation, der er sein Dasein widmete und die ihm ein Leben im Luxus ermöglichte.

Verticko bewegte sich wie ein Star auf der viel zu kleinen Tanzfläche. Seine Schritte und Bewegungen waren so elegant und beeindruckend, dass ihn fast jeder beobachtete.

Eine grell geschminkte Frau betrat das Hammerhead. Auf den ersten Blick sah sie aus wie eine der Prostituierten, die draußen in den Hauseingängen auf Kundschaft warteten. Sie nahm einen tiefen Zug aus einer schwarzen Zigarette.

„Das ist Vertickos Schwester!"

Aleks deutete mit einem Kopfnicken auf die auffällige Frau, die jetzt neben der Tanzfläche stand. Tom hatte die Schwester ihres gemeinsamen Freundes noch nie gesehen. Ihr Anblick war beeindruckend. Die halblangen dunklen Harre fielen in ein viel zu bleiches Gesicht.

Tom war mit einem bohrenden Kopfschmerz aufgewacht. Erst eine von den neuen Painkillers, die Verticko ihm dagelassen hatte, machte ihn wieder fit. Normale Kopfschmerztabletten, die man für viel Geld in der Apotheke kaufen konnte, halfen einfach nicht. Für einen ausgewachsenen Kater waren sie zu schwach.

Die Nacht steckte ihm schwer in den Knochen. Vertickos kleine Schwester hatte irgendein komisches Pulver dabei gehabt. Obwohl er nur eine kleine Brise genommen hatte, war er jetzt noch total benebelt. Tom wusste nicht mehr so genau, wie er nach Hause gekommen war. Nach dem Hammerhead waren alle noch bei Aleks gewesen, der wie immer einen unglaublichen Alkoholvorrat in seiner Wohnung hatte. Vertickos Schwester konnte unglaublich viel trinken. Tom konnte sich dunkel erinnern, dass sie Aleks eine Ohrfeige verpasst hatte, als er sie vollkommen betrunken angrabschen wollte. Später war dann von Aleks nichts mehr zu sehen. Er vertrug einfach nichts, hatte gewaltig abgekotzt und sich dann auf dem Klo pennen gelegt.

Tom suchte benommen nach einer CD von Guns N´Roses. Die Sammlung seines Uropas war in der ganzen Wohnung verstreut. Hunderte von Silberscheiben. Die meisten hatte er noch gar nicht angeschaut, geschweige denn reingehört. Die Gitarrenmusik des ausgehenden 20. Jahrhunderts war für seine Ohren zunächst vollkommen fremd gewesen. Ein lautes Durcheinander, das mit der elektronischen Kaufhausmusik seiner Generation nichts zu tun hatte. Er hatte die Sammlung, die in mehreren Kisten verstaut war, im Haus seines Vaters zufällig gefunden. Sie lagerte unter einer Plastikplane auf dem Dachboden und hatte dort die Zeit überdauert. Es hatte eine ganze Weile gedauert, bis er überhaupt ein altes Laufwerk besorgt hatte, mit dem er sich die Dinger auf dem Rechner anhören konnte. Eine Menge Müll war dabei, der bestimmt nicht für die Ewigkeit gemacht war. Immer wieder aber pickte er sich Schätzchen heraus. Bands wie Nirvana, Guns N´Roses, die Animals oder die Rolling Stones, über die man selbst in den abgeschiedenen Winkeln des Web nur einige Schlagworte finden konnte. In verschiedenen Boards hatte er Suchmeldungen aufgegeben und in historischen Bibliotheken vergeblich nach Material gesucht. Über die populäre Kultur in der zweiten Hälfte des 20. Jahrhunderts gab es fast nichts. Lediglich einige Ereignisse waren ausgiebig dokumentiert, die Zusammenhänge aber kaum nachvollziehbar. So gab es ausführliche Bilddokumentationen über das Woodstock- Festival, auch Teile des Films waren erhalten geblieben. Aber ansonsten blieb der August des Jahres 1969 für Tom ein großes Rätsel. Das Geburtsjahr seines Großvaters blieb verschollen hinter einer Mauer von Schlagworten wie der ersten Mondlandung oder einem Regierungschef namens Willy Brandt, dessen Person im Jahre 2101 keine Bedeutung mehr hatte.

Tom schaute auf seinen Terminal. Rechts oben lief ein Nachrichtenkanal, der etwa ein Viertel des Bildschirms bedeckte. Er hatte den Ton abgestellt, konnte aber anhand des Laufbandes erkennen, was vor sich ging. Die Regierung hatte wegen des bedrohlichen Arbeitskräftemangels neue Einwanderungsrichtlinien erlassen. Die Minister der rechtspopulistischen liberalen Partei waren aus der Regierung ausgetreten, wollten aber Neuwahlen unbedingt verhindern. Wie fast alle Menschen war Tom mit einer permanenten Angst vor schmutzigen Atomschlägen groß geworden. Die Ostküste der Föderation US-Mexiko war im Zuge terroristischer Attacken bereits seit mehreren Jahrzehnten unbewohnbar. Bei der Bevölkerungsexplosion, die dieser Teil der Erde seit rund 100 Jahren erlebte, eine komplette Katastrophe, da auch die Küstenstädte durch die andauernden Überschwemmungen so gut wie nicht mehr bewohnbar waren.

Tom klickte seine neuen Mails an, die auf der linken

Hälfte des Bildschirms zu sehen waren. Neben dem üblichen Schrott war auch eine Nachricht von Effi dabei:

Kommt doch heute vorbei. Bin da. Bis später.

Tom tickerte eine kurze Antwort in die Tastatur:

OK, wollen gleich proben. Komme abends.

Seine Finger flogen über die Tastatur. In wenigen Sekunden hatte er nicht nur seine Mails gecheckt, sondern auch verschiedene Blogs und Webseiten, die sich rechts unten aufbauten. Vor einigen Wochen war er auf ein Forum gestoßen, in dem Musikfans über Zeitreisen philosophierten. Beatles-Fans, die ihre Lieblingsband einmal live sehen wollten, oder Freaks auf der Suche nach dem legendären Woodstock-Festival.

Tom war der erste Mensch im Forum, der sich mit Zeitreisen auskannte. Seit den ersten Postings wurde er permanent aufgefordert, billige Trips zu vermitteln oder Umsonst- Tickets zu besorgen.

Freunde, so läuft das nicht. Die Mitarbeiter von Zeitagenturen stehen unter permanenter Beobachtung. Da kann man nichts unter der Hand machen.

Diese Bemerkung von Tom war durchaus riskant. Schließlich wusste man nie, wer sich in solchen Foren bewegte und was die Aufsichtsbehörde unternahm, um Querköpfe wie ihn ausfindig zu machen.

Tom hatte Zeitreisen immer für ein Hobby von neureichen Senioren gehalten. Da schon eine halbe Stunde Vergangenheit extrem teuer war, hatte er nie darüber nachgedacht, sich selbst dafür zu interessieren. Warum auch? Französische Revolution oder Jesus am Kreuz, das war der sinnlose Zeitvertreib von Snobs. Erst das Forum hatte ihn auf dumme Gedanken gebracht.

Er hatte im Angebotsrechner der Zeitagentur nachgeschaut, ob es Beatles- Konzerte oder das Woodstock-Festival als Pauschalreise gab. Es gab sie, auch wenn sich noch nie jemand danach erkundigt hatte, zumindest nicht in seiner Agentur.

Tom suchte auf seiner Festplatte nach alten Beatlessongs. Er lud sich das rote Album mit den Nummer Eins Hits in den Player. Die ersten Takte von „Love me do" dröhnten aus den viel zu kleinen Boxen. Tom starrte vor sich hin.

Er schaute aus dem Fenster seiner viel zu kleinen Wohnung und sah eine rötlich schimmernde Abgaswolke, die über der Stadt hing. Fast täglich sah man Menschen auf der Straße zusammen brechen, weil sie den stechenden Geruch zu tief einatmeten. Seine Wohnung hatte wenigstens noch ein Filtersystem. In ärmeren Wohnvierteln mussten die Menschen oft tagelang ohne Frischluft auskommen. "From me to you".

Effi hatte für Toms Musikbegeisterung wenig Verständnis. Sicher, auch sie hörte sich die Sachen an und fand sie schön. Den Geruch der Freiheit aber, der in diesen alten Scheiben lag, fühlte sie nicht. Tom hatte irgendwann aufgehört, darüber zu sprechen. Er hatte Tage und Wochen vor seinem Computer verbracht, um Infos über die Beatles zu besorgen. Auf der Festplatte lagerten hunderte von Bildern: John Lennon und Yoko Ono liegen im Bett und demonstrieren für den Frieden, die Beatles in einem riesigen Stadion mit viel zu kleinen Verstärkern und das letzte Konzert auf dem Dach eines Hauses. Sicher, fast jeder kannte die Beatles und hatte das ein oder andere Stück von ihnen gehört. Aber kaum jemand wusste etwas über ihre Zeit, die ganze Stimmung, die sich mit ihrer Musik verband.

Nach tagelangem endlosem Surfen war Tom auf ein Forum gestoßen, in dem sich so genannte Cyber- Hippies trafen. Verticko hatte schon einmal von ihnen erzählt, sie aber als Legende des vergangenen Jahrhunderts abgetan. Demnach waren Cyber- Hippies eine Art Geheimbund, der nur im Web existierte. Nachfahren ehemaliger Hippies, die vor vielen Jahrzehnten einmal in einer echten Kommune gelebt hatten, trafen sich hier, um die Erinnerung an die Hippiekultur aufrecht zu erhalten.

Tom gab sich als Mitarbeiter einer Zeitagentur zu erkennen und wurde sofort mit Anfragen bombardiert. Offenbar wusste man in diesen Kreisen sehr genau über Zeitreisen Bescheid. Preise, genaue Angebote, all diese Dinge konnte man sich weder über das Internet, noch über die Pauschalkataloge besorgen. Die Zeitreisen, für die sich die Cyber-Hippies interessierten, gehörten zu einem sehr begrenzten Spezialangebot, das um ein Vielfaches teurer war als die üblichen Massenangebote, mit denen sich Tom tagein tagaus herumschlug.

Er versuchte vergeblich, die Seite der Cyber- Hippies aufzurufen. Sie war verschwunden. Offenbar zogen sie mit ihrem Forum nach wenigen Tagen um, wenn Außenstehende wie er die Seite entdeckt hatten.

Der Nachrichtensender brachte eine Eilmeldung: *Zeitreisender in den Wirren der Französischen Revolution ermordet – Regierung denkt über Verbot von Reisen in Krisengebiete nach.*

Tom musste lachen. Auch wenn er es nicht beweisen konnte, aber er hielt all diese Meldungen für reine Propaganda. Sie wurden lanciert, um die Nachfrage nach Zeitreisen zu steigern. Und es funktionierte. An Tagen nach derartigen Meldungen wurden sie in der Agentur regelrecht überrannt.

Tom ließ das verschwundene Forum der Cyber- Hippies durch verschiedene Suchprogramme laufen. Kein Ergebnis. Diese Leute schafften es immer wieder, ihre Seiten für die Suchprogramme unsichtbar zu machen. Das klappte immer für einige Tage, manchmal auch für einige Wochen. Danach brauchte man neue Adressen, um wieder unsichtbar zu werden.

„She loves you". Tom öffnete das Fenster einen Spalt, um es gleich wieder zu schließen. Er bekam Brechreiz von der stickigen Luft. Er hasste diese Stadt und das Dreckloch, in dem er leben musste. Er war es einfach nicht gewohnt, jeden Tag zu arbeiten und kaum Platz zum Leben zu haben. Warum hatte sein Vater ein so kompliziertes Testament gemacht? Warum gönnte er ihm nicht das sorglose süße Luxusleben, das er bisher geführt hatte? Tom wusste, das genug Geld auf den gesperrten Konten lag. Manchmal schämte er sich, aus seinem Leben nicht mehr gemacht zu haben. Er albernes Studium hätte gereicht, um die Anforderungen des Testaments zu erfüllen.

Die Decke des Probenraums war so niedrig, dass Verticko kaum stehen konnte. An der Decke hing eine altertümliche Glühlampe, die vor sich hin flackerte und die man schon vor Jahren hätte verschrotten müssen. In dem Kellerloch war es so dunkel, dass man die vielen Spinnen, die in den Ecken vor sich hin vegetierten, niemals zu sehen bekam. Verticko schrammelte ein paar antike Akkorde vor sich hin. Für ihn bedeutete die Band nicht mehr als ein bisschen Zerstreuung und Zeitvertreib. Außerdem mochte er dieses stickige Kellerloch, in dem es jeder normale Mensch mit der Angst bekam. Die Decke machte einen brüchige Eindruck. In einem der Nachbargebäude waren vor ein paar Monaten Menschen bei einem Hauseinsturz im Keller lebendig begraben worden. Aleks hatte einen ziemlichen Tanz aufgeführt. Von wegen, er wollte in diesem Loch nicht sein Leben aufs Spiel setzen. Verticko konnte über so viel Angst und Panik nur lachen. Das Leben in der Illegalität hatte ihm die Angst genommen. Wenn die Decke einstürzt, dann stürzt sie halt ein. Verticko war immer als erster bei den Proben, meistens eine halbe Stunde vor den anderen. Er klimperte gerne auf der Gitarre und starrte dabei in die Dunkelheit. Er wusste, dass Tom von der Band besessen war. Bei den Proben machte er oft einen Riesenalarm, wenn die anderen nicht mitzogen. Verticko war anders gestrickt. Es gab nichts mehr in seinem Leben, für das er wirkliche Leidenschaft aufbringen konnte. Er lebte, um zu überleben und möglichst viel Spaß zu haben. Seit seine Karriere als Profispieler gescheitert war, hatte er für die normale Gesellschaft außerhalb des Vergnügungsviertels nicht mehr viel übrig.

Tom warf sich vor die Kellertür, die von Woche zu Woche schwerer aufging.

„Mein Gott, das Ding ist ja eine Zumutung."

Tom quälte sich durch den schmalen Spalt, weiter konnte er die Tür nicht mehr öffnen.

„Sag mal, wenn wir hier mal raus müssen, kriegen wir niemals das Schlagzeug hier durch."

Tom deutete auf den Türspalt. Verticko winkte ab:

„Mach Dir mal keine Gedanken. Wenn Aleks so weiter frisst, kommt er bald auch nicht mehr rein. Dann können wir endlich nach einem neuen Schlagzeuger Ausschau halten."

Beide lachten stumpf vor sich hin.

„Wir wär's mit Deiner Schwester. Sie würde optisch gut zu uns passen."

Tom wusste, dass er eine dumme Bemerkung gemacht hatte.

„Laß mal meine Schwester aus dem Spiel, die hat genug zu tun."

Verticko wurde sehr ernst, wenn es um seine Schwester ging. Tom hatte sie gestern im Hammerhead zum ersten Mal gesehen, aber schon viel von ihr gehört. Es gab eine Menge Gerüchte um einen Internetsender, an dem sie angeblich beteiligt war. Schon häufiger hatte er versucht, den Sender im Web zu finden oder wenigstens ein paar Informationen aus Verticko herauszubekommen. Vergeblich.

Internetsender waren eigentlich ein alter Hut. Mit einer kleinen Kamera konnte jeder Fernsehen machen, Beiträge produzieren und die Ergebnisse ohne großen technischen Aufwand live ins Internet stellen. Tom war seit frühester Jugend ein großer Fan dieser kleinen unabhängigen Stationen. Früher hatten sie selbst Murmelturniere oder Privatpartys live im Internet übertragen. Beliebt war zum Beispiel auch das Senden von Schulstunden. Eltern konnten so das Verhalten und die Leistung ihrer Schützlinge am Bildschirm verfolgen. An öffentlichen Schulen war das Abfilmen stark eingeschränkt worden, da immer mehr Eltern Lehrer wegen angeblich ungerechter Noten verklagt hatten.

Tom setzte sich schnaufend auf den Gitarrenverstärker. Verticko kratzte sich mit der rechten Hand am Hals. Es war ihm sichtlich unangenehm, nicht mehr allein zu sein. Über seine Schwester reden mochte er schon gar nicht. Tom versuchte es trotzdem.

„Sag mal, was ist das eigentlich für ein Internetsender, den Deine Schwester da am Start hat? Hast Du eine Adresse, ich wollte ´mal reinschauen."

Tom war beeindruckt von seinem eigenen Mut. Er wusste, dass es eigentlich keinen Zweck hatte mit Verticko über etwas zu sprechen, auf das er keinen Bock hatte.

„Du, ich hab´ keine Ahnung. Das interessiert mich auch nicht."

Verticko drehte Tom den Rücken zu und den Verstärker so laut, dass man sein eigenes Wort nicht mehr verstehen konnte. Auf der Gitarre spielte er eine vollkommen verzerrte Version eines Neil Young-Songs: Pling, Plang, „After the gold rush".

Von Aleks war mal wieder nichts zu sehen. In letzter Zeit kam er immer seltener zur Probe. Nach einer durchsoffenen Nacht konnte man ohnehin nicht mit ihm rechnen. Tom und Verticko gammelten dann ein bisschen rum, um später in eine der vielen Bars zu gehen oder im Hammerhead zu versacken, das nur fünf Minuten von ihrem Proberaum entfernt war.

Eine Rückkoppelung pfiff durch den Raum.

„Hast Du eigentlich Deine Cyber- Hippies wiedergefunden?"

Verticko drehte den Verstärker runter. Tom wunderte sich über die Frage. Normalerweise erkundigte er sich nie nach solchen Dingen. Man musste ihn immer fragen und ihm alles aus der Nase ziehen.

„Ne, ich habe sie verloren. Auch die Suchprogramme konnten nicht helfen."

Verticko winkte ab: „Mit solchen Dingern brauchst Du denen gar nicht zu kommen. Die kennen das Internet wie ihre Westentasche. Die sind einfach geil auf Zeitreisen. Meine Schwester hat ´mal mit jemandem gesprochen, der mit einem gezockten Ticket Woodstock gesehen hat."

In einer dunklen Ecke stand eine alte verkalkte Kaffeemaschine auf einem klapprigen Holztisch. Der Proberaum war ideal, um illegalen Koffeinkaffee aufzubewahren und in einer alten Maschine zuzubereiten. Tom angelte sich den Fünf- Liter- Wasserkanister, der hinter dem Schlagzeug versteckt war. Tom setze mit spitzen Fingern einen Kaffee auf. Auch wenn er sich vor der alten Maschine ein bisschen ekelte, die Sehnsucht nach dem starken schwarzen Gebräu war einfach stärker.

„Was heißt gezocktes Ticket? Ich wüsste gar nicht, wie das gehen sollte. Die ganze Zeitreiserei ist so aufwendig und bürokratisiert, da kommt keiner zwischen, das versichere ich Dir."

Verticko winkte ab: „Das ist vielleicht in Deiner Miniagentur so, aber man wird doch irgendwie an so ein Ticket kommen können, oder nicht?"

Tom ärgerte sich über diese Arroganz. Nur mühsam konnte er seine Wut unterdrücken. Verticko war einfach anders gestrickt als Tom. Er arbeitete einfach nicht, besorgte sich auf anderen Wegen Geld, konnte ohne festen Wohnsitz leben. Tom konnte sich ein Leben in der Illegalität nicht vorstellen. Auch wenn er es noch so sehr bewunderte. Da war seine Grenze. Verticko würde niemals einen Job in einer Zeitagentur annehmen. Egal, wie gut man ihn bezahlen würde.

Tom reichte seinem Kumpel einen Becher frischen schwarzen Kaffee.

„Ist schon gut, war nicht so gemeint."

Trotzdem konnte sich Tom nicht vorstellen, dass so etwas wie eine illegale Zeitreise möglich war, beim besten Willen nicht. Wie sollte das gehen: ein Ticket ohne Autorisierung, das war einfach unmöglich. Jede Zeitreise musste Wochen vorher angemeldet werden. In einem zentralen Computer wurden die Namen der Käufer mit der jeweiligen gebuchten und bezahlten Reise zusammen gebracht. Es müsste schon jemand in den Computer reinkommen.

„Weißt Du wie diese Cyber- Hippies das gemacht haben?"

„Keine Ahnung, ich habe nur gehört, dass es irgendwelche Blankotickets geben soll, mit denen man nahezu jede Reise unternehmen kann, auch die ganz ausgefallenen."

Tom nahm sich eine Gitarre und klimperte vor sich hin.

Effi war eingeschlafen. Tom streichelte sie zärtlich. Sie schnurrte im Halbschlaf. Dieses ganze Gequatsche von fehlendem Nachwuchs und Kinderlosigkeit machte die Frauen total kirre. Krankenscheine für Verhütungsmittel waren schwer zu bekommen. Mittel, die es auf dem Schwarzmarkt zu kaufen gab, waren oft unsicher und hatten nicht selten starke Nebenwirkungen. Tom hatte eine gute Quelle, auf die immer Verlass war.

Effi war in einfachen Verhältnissen groß geworden, in denen es viele Kinder und viel Sex gab. Einfache Menschen konnten ohne die üppigen Zuschüsse des Staates, mit denen man bei vier bis fünf Kindern die ganze Familie ernähren konnte, nicht überleben. In der Gegend, in der sie aufgewachsen war, gab es fast keine Paare ohne Kinder. Höchstens das ein oder andere, das aus medizinischen Gründen keine bekommen konnte.

Effi hatte nur mit vielen Ausnahmegenehmigungen eine Ausbildung machen können. Auch der Job in der Zeitagentur stand ihr eigentlich nicht zu. Es hatte immer gute Gründe gegeben, Kinderlosigkeit zu rechtfertigen: mal hatte sich ihr Freund getrennt, dann musste sie für ein Jahr in eine andere Stadt für eine Zusatzqualifikation. Alles musste den Mitarbeitern der Arbeitsbehörden detailliert dargelegt werden. Den Job in der Zeitagentur hatte sie nur bekommen, weil es trotz aller politischen Maßnahmen immer noch einen großen Mangel an Arbeitskräften gab. Alle Stellen mit Qualifikation hatten einen K-Vermerk. Das heißt, sie durften nur vergeben werden, wenn man mindestens ein Kind nachweisen konnte. Nur wenn ein Unternehmen keine qualifizierte Kraft mit Kind finden konnte, durften Kinderlose eingestellt werden. Der Arbeitskräftemangel machte Vieles möglich. Es gab in allen Bereichen zu wenig Personal. Als deutscher Staatsbürger mit hoher Qualifikation ließ sich immer etwas machen. Bei Menschen mit einem einfachen oder gar keinem Schulabschluss sah das anders. Sie konnten nur als Profisportler oder Proficomputerspieler viel Geld verdienen. Normale Arbeitsplätze gab es für sie nicht mehr. Lediglich durch die Betreuung ihrer eigenen Kinder konnten sie sich ein akzeptables, staatliches Einkommen sichern.

Effi schloss die Augen. Sie liebte diese Stimmung, wenn sie zusammen im Bett lagen, die untergehende Sonne durch das Dachfester schien und die Probleme des Alltags weit weg waren. Die Klimaanlage in Toms Wohnung funktionierte nicht richtig. Es roch immer nach Abgasen oder Müll, der schon seit Wochen nicht mehr abgeholt worden war.

„Dieser Gestank macht einen ganz kirre."

Effi schüttelte sich. Ihre Nase war extrem empfindlich. Tom machte sich nicht viel aus Gerüchen. Er war ein Kind seiner Zeit. Die Gesellschaft hatte den Sinn für guten Geschmack verloren. Künstliches Essen und schrecklicher Gestank, der nur noch durch künstliche Duftstoffe überdeckt werden konnte, bestimmte das Leben der Menschen. Auch wenn Tom aus guten Verhältnissen kam, in denen man sich ein so genanntes besseres Leben leisten konnte, hatte er nicht viel übrig für diese Art von Luxus. Bei Effi war es genau anders herum. Sie hatte die stickigen Hinterhöfe ihrer Kindheit abgeschüttelt und sich einen Lebensstil angeeignet, der ihr eigentlich nicht zustand.

Der Monitor in der Mitte des Zimmers lief ohne Ton. Am unteren Bildrand lief immer noch die gleiche Eilmeldung: Zeitreisender in den Wirren der Französischen Revolution ermordet. Auch in Effis Wohnung lief das Kommunikationscenter den ganzen Tag lang. So wurde jede eingehende Mail sofort gemeldet, und man bekam wichtige Eilmeldungen sofort mit. Tom und Effi gehörten zu einer Generation, die mit der alltäglichen Gefahr zu leben gelernt hatte. Die letzten atomaren Terrorangriffe auf deutsche Städte lagen gerade einmal dreißig Jahre zurück. In ihren beiden Elternhäusern war es ganz selbstverständlich, dass die Nachrichtenquellen 24 Stunden am Tag liefen. Schließlich gab es in jeder Familie Angehörige, die gestorben waren, weil sie nach atomaren Terrorangriffen viel zu spät über den radioaktiven Niederschlag informiert worden waren. Es war selbstverständlich, dass es überall einen Bildschirm gab, auf dem aktuelle Meldungen liefen. So konnte man sich mit einem Blick über die aktuelle Weltlage informieren. Je größer der Bildschirm, desto mehr Informationsquellen konnte man unterbringen. Zusätzliche Infobänder, die man oben und unten stapeln konnte, oder unsichtbare Augen, die bei Bedarf Veränderungen auf bestimmten Pages anzeigten. Tom war in diesen Dingen ein großer Könner. Er hatte seine ganze Kindheit und Jugend damit zugebracht und konnte sich nicht erinnern, in seinem ganzen Leben jemals in einem Raum gewesen zu sein, in dem kein Informationsbildschirm vor sich hin summte. Ausnahmen waren lediglich der Kellerraum, in dem die Band probte, bestimmte Ecken des Hammerhead oder diverse Baracken, in denen Verticko irgendwann einmal gehaust hatte.

Effi gehörte zu den Menschen, die sich immer wieder nach Ruhe sehnten und ihre Monitore ab und an auch einmal ausschalteten. Das war für Angehörige ihrer Generation nicht einfach. Sie musste sich regelrecht zwingen, für zwei oder drei Stunden auf aktuelle Informationen zu verzichten, um vielleicht ein altmodisches Buch aus Papier zu lesen. Ein Hobby, das sehr selten geworden war. Spätestens wenn Tom in ihre Wohnung kam, wurden die Monitore wieder angeschaltet. In der Agentur musste, wie in allen Geschäften oder öffentlichen Gebäuden, immer ein gut sichtbarer Monitor laufen. Das war gesetzlich vorgeschrieben. Wenn jemand nachweisen konnte, dass er in einem Geschäft eine bestimmte Information nicht bekommen hatte und ihm dadurch Nachteile entstanden waren, konnte er den Inhaber auf Schadenersatz verklagen.

Tom setzte sich auf: „Sag mal, hast Du schon einmal ´was von Blankoschecks gehört, mit denen man jede beliebige Zeitreise machen kann?"

Effi nahm einen der kleinen roten Kaubonbons, die in einer Schachtel auf dem Nachtisch lagen. Auf dem Unterarm bekam sie eine leichte Gänsehaut. Tom streichelte ihre kühlen Hände.

„Ja, hab´ ich schon von gehört."

Tom wartete begierig auf weitere Erklärungen. Effie lutschte ihren Bonbon und schwieg.

„Na und? Du weißt doch mehr!"

Grundsätzlich kannte sich Effi in der Zeitagentur viel besser aus als Tom. Sie war viel länger dabei und hatte das Leben in der Agentur als ihren Lebensstil angenommen. Sie war Mitglied in einer Vereinigung der Zeitarbeiter, so nannten sich die Mitarbeiter der Zeitagenturen, und war auch sonst sehr emsig, Informationen über das Phänomen Zeitreisen zu sammeln. Für Tom war die Agentur einfach nur ein Job. Er beschäftigte sich gar nicht oder kaum mit seiner Arbeit. Seine Erfolge resultierten einzig und allein aus seinem Verkaufstalent, das angeboren war und das er selbst verachtete und nicht weiter förderte.

„Bei unserem letzten Agenturtreffen war von diesen Blankoschecks die Rede. Sie lagern in jeder Agentur im Geheimfach des Safes. Mit ihnen kann man jede beliebige Reise machen. Man trägt einfach den entsprechenden Code ein und kommt so durch die Absperrung."

„Wow!"

Tom war beeindruckt. Bislang hatte er die ganze Zeitreiserei immer als ein Business voller Bürokratie und Regeln begriffen. Eine Zeitreise war teuer und kompliziert. Jeder, der eine Reise antreten wollte, musste eine feste Anschrift haben, die auf dem Ticket registriert wurde. So konnte man jederzeit feststellen, wer wann wo unterwegs war. „Hast Du eine Ahnung, warum es die Dinger gibt? Die müssten dann ja auch in unserer Agentur liegen, oder?"

„Ja, liegen sie. Ich hab´ sie mir schon angeschaut."

Effi hatte den Code für das Geheimfach. Sie war offiziell Leiterin der Agentur. Nur sie durfte die offiziellen Anweisungen und geheimen Unterlagen einsehen. Bislang hatte sich Tom darum nicht gekümmert. Er hatte noch nicht einmal darüber nachgedacht. Nicht eine einzige Sekunde.

„Und, was macht man damit?"

Tom wurde ungeduldig.

„Wenn ich das richtig verstanden habe, dürfen die Blankos nur von Leuten benutzt werden, die eine entsprechende Berechtigungskarte haben. Wenn jemand mit so einer Karte in die Agentur kommt, müssen wir ihm ein Blanko aushändigen."

Tom schaute Effi verständnislos an: „Cool, mir davon nichts zu sagen. Ich meine, was mache ich, wenn mir jemand so eine Karte unter die Nase hält?"

„Das ist so Top Secret, ich darf da nicht einmal mehr

drüber reden. Du weißt schon, geheime Geheiminformationen."

„Du brauchst nichts zu sagen, ich rede auch mit keinem drüber."

Tom wusste, dass Effi großen Wert auf ihre Verschwiegenheit legte. Noch vor wenigen Wochen hätte er diese Information nicht aus ihr rausbekommen. Sie hätte einfach geschwiegen. Tom machte sich lustig über diese übertriebene Loyalität. Er würde sich nie an diese obrigkeitsstaatliche Maßnahme halten. Ein Grund, warum er im Berufsleben niemals zurecht kommen würde. Wie weit seine Loyalität Effi gegenüber gehen würde, wusste er nicht.

Er war eigentlich kein Mensch, der Sachen ausplauderte, vor allem keinen Privatkram. In anonyme Internetforen verirrte er sich selten und wenn, dann nur als Leser. Sie waren ohnehin meist Treffpunkte für Menschen, die weder Freunde noch Sexualpartner hatten. Die Problemforen waren reine Fantasieprodukte, angeheizt von kommerziellen Moderatoren, die mit ihren ausgedachten Beiträgen dafür sorgten, die Teilnehmer möglichst lange am Bildschirm zu halten. Sie waren wie die kommerzielle Verwertung von Zeitreisen ein weiteres Indiz für eine Gesellschaft, in der es fast nichts mehr zu erleben gab.

Zwei neue Eilmeldungen liefen über den Bildschirm: Wahl in der Vereinigten Arabischen Republik stärkt Extremisten - Indisch- chinesische Föderation bietet Europa neuen Pakt gegen Föderation US- Mexiko an.

Tom las die Meldungen ohne Rührung. Er wartete auf die Ergebnisse der Mailroy-Modern European Soccer League. Bayern München – Real Madrid 3 – 5. Seit das Spiel nach mehreren Regeländerungen noch offensiver geworden war, hatten die Bayern in der europäischen Liga gar keine Chance mehr. Die letzte Mannschaft aus dem deutschen Sprachraum war endgültig auf einem Abstiegsplatz gelandet. Eine Chance auf die begehrte Weltliga gab es jetzt nicht mehr. Tom musste an eine Handvoll Kinder denken, die auf der künstlichen Wiese unten an der Ecke Fußball spielten. Fast jeden Tag sah er sie. Aus diesem Teil Europas hatte es schon lange kein Spieler mehr bis in die Profiliga geschafft.

Tom hatte ein schlechtes Gewissen. In der Nacht war er in der Agentur gewesen, um im Geheimfach des Safes nach den Blankos zu suchen. Er wollte einfach wissen, ob es sie wirklich gab. Das Geheimfach war für ihn kein Problem, da er Effis gebräuchliche Passworte kannte. Die Blankos lagen in einem unverschlossenen Briefumschlag. Nichts deutete darauf hin, dass sie nummeriert oder besonders gesichert waren. Man konnte die gewünschte Reise einfach und unkompliziert eintragen. Tom hatte den Umschlag lange in der Hand gehalten, um ihn schließlich wieder zurückzulegen und Geheimfach und Safe zu verschließen, ohne Spuren zu hinterlassen.

Das Öffnen und Schließen des Safes wurde nicht registriert, das wusste Tom. Auch die Kameras und Mikrophone konnte man überlisten. Für etwa eine Viertelstunde konnte er sie mit einem Trick lahm legen, indem er einen kurzen Stromausfall simulierte. Die Agentur, in der er und Effi arbeiteten, gehörte nicht zu den modernsten und war weder mit Notstromaggregaten, noch mit einem unüberwindbaren Sicherheitssystem ausgestattet.

Der Arbeitstag verlief ohne besondere Ereignisse oder Höhepunkte. Die üblichen älteren Herrschaften, die in den Auslagen die Sonderangebote der Woche studierten. Zwei kurze Verkaufsgespräche endeten ohne Ergebnis. Bei Effi sah es nicht viel besser aus. Sie hatte wenigstens einen Kurztrip zum Bau der ägyptischen Pyramiden verkaufen können. Die Sonne machte die Leute ganz verrückt. Vor allem ältere Menschen blieben bei dieser Hitze besser zu Hause. In der Agentur herrschten angenehme Temperaturen. Wenigstens hier funktionierte das Klimasystem. In den Wohnungen von Tom und Effi war es vollkommen marode. Auch das Fenster konnte man an extrem heißen Tagen wie heute nicht öffnen, weil der Smog aus Müll und Abgasen einfach nicht zu ertragen war.

Tom nippte an einem halbvollen Becher koffeinfreiem Kaffee. Er surfte in der Datei, in der man sämtliche verfügbaren Zeitreisen einsehen konnte. Eine Liste, die man nur auf einem bestimmten Computer in der Agentur aufrufen konnte. Tom probierte mehrere Suchbegriffe: Rockmusik, Hippies, 1960er Jahre. Die Reisen waren exklusiv und teuer. Sprich, sie gehörten nicht zum normalen Alltagsangebot, mit dem sie sich für gewöhnlich herumschlagen mussten.

30 Minuten Woodstock- Festival in der Nähe der Bühne,

alternativ auf einem der Campingplätze oder bei der Anreise, eine Millionen Euro, 60 Minuten für 1,5 Millionen. 20 Minuten die Beatles live im Hollywood Bowl. 10 Minuten beim Attentat auf John Lennon dabei sein, eine Millionen Euro.

Tom suchte weiter. Effi sollte nicht merken, dass er in den Angeboten herum surfte. Er wusste, er würde der Versuchung bald nicht mehr widerstehen können. Dafür war die Verlockung einfach zu groß. Warum nicht mit einem der Blankos einen kleinen Trip in die 1960er Jahre unternehmen. Tom wusste, dass er mit so einer Aktion nicht nur seine eigene Existenz gefährden würde. Verstöße gegen die Zeitreiseordnung wurden hart bestraft. Mit einer einfach fristlosen Kündigung wäre es in so einem Fall nicht getan. Vermutlich würden sie beide ein mehrjähriges Berufsverbot mit Zwangsarbeit aufgebrummt bekommen.

Tom schüttete sich einen weiteren Becher Kaffee ein. Von dem koffeinfreien Zeugs wurde ihm ganz schlecht. Er beobachtete Effi. Sie studierte die neuen Angebote. Wie konnte man nur so fleißig sein.

Die U- Bahn fuhr langsam an. Auf der linken Seite huschte ein Plakat vorbei: „Die Französische Revolution – billiger geht´s nicht!"

Tom setzte sich die Kopfhörer seines Musikcomputers auf. Er drückte die Zufallstaste. „Ticket to ride" von den Beatles. Tom lehnte sich zurück. Sein kleiner Trip in die 60er Jahre war keinem aufgefallen. The Beatles live in Hollywood. Eine der teuersten Zeitreisen, die es überhaupt gab. Tom hatte eines der Blankos aus dem Safe genommen und war einfach durch die Kontrollen marschiert. Das Gekreische war unendlich laut. Die Musik bestand lediglich aus einem undefinierbaren Gesumme aus den viel zu kleinen Verstärkern.

Die Bahn hielt. Er musste aussteigen. Zwei Männer kamen auf ihn zu.

„Sie sind festgenommen. Sie werden beschuldigt, eine illegale Zeitreise unternommen zu haben!"

Tom zog sich resigniert die Ohrstöpsel raus. Schade, dass er Effi nicht noch einmal sehen durfte. Hoffentlich konnte sie sich irgendwie rausreden. Sie hatte es nicht verdient, den Rest ihres Lebens in einem Straflager zu verbringen.

www.ingramcontent.com/pod-product-compliance
Lightning Source LLC
Chambersburg PA
CBHW071635170526
45166CB00003B/1331